BEI GRIN MACHT SICH IHR
WISSEN BEZAHLT

- Wir veröffentlichen Ihre Hausarbeit,
  Bachelor- und Masterarbeit

- Ihr eigenes eBook und Buch -
  weltweit in allen wichtigen Shops

- Verdienen Sie an jedem Verkauf

Jetzt bei www.GRIN.com hochladen
und kostenlos publizieren

Bibliografische Information der Deutschen Nationalbibliothek:

Die Deutsche Bibliothek verzeichnet diese Publikation in der Deutschen National-
bibliografie; detaillierte bibliografische Daten sind im Internet über http://dnb.d-
nb.de/ abrufbar.

Impressum:

Copyright © 2017 GRIN Verlag
Druck und Bindung: Books on Demand GmbH, Norderstedt Germany
ISBN: 9783668630017

Dieses Buch bei GRIN:

https://www.grin.com/document/386523

Karin Meyer

Einführung in einseitige Hypothesentests

Entwurf einer 180-minütigen Unterrichtseinheit in Mathematik (Stochastik Modul II) am Beruflichen Gymnasium

GRIN Verlag

GRIN - Your knowledge has value

Der GRIN Verlag publiziert seit 1998 wissenschaftliche Arbeiten von Studenten, Hochschullehrern und anderen Akademikern als eBook und gedrucktes Buch. Die Verlagswebsite www.grin.com ist die ideale Plattform zur Veröffentlichung von Hausarbeiten, Abschlussarbeiten, wissenschaftlichen Aufsätzen, Dissertationen und Fachbüchern.

Besuchen Sie uns im Internet:

http://www.grin.com/

http://www.facebook.com/grincom

http://www.twitter.com/grin_com

Entwurf einer 180-minütigen Unterrichtseinheit im Unterrichtsfach Mathematik (Stochastik Modul II) am Beruflichen Gymnasium:

Einführung in einseitige Hypothesentests

Sommersemester 2017

Abgabedatum: 15.09.2017

Inhaltsverzeichnis

1. Einleitung

In diesem fiktiven Unterrichtsentwurf soll eine viertstündige Unterrichtseinheit im Unterrichtsfach Mathematik im Modul Stochastik II am Beruflichen Gymnasium in Hamburg präsentiert werden. Mathematik wird in der fiktiven Klasse, für die dieser Entwurf konzipiert ist, auf erhöhtem Anforderungsniveau unterrichtet.

Genauer soll in den einseitigen Hypothesentest eingeführt werden und der neu erlernte Unterrichtsstoff durch Anwendungsaufgaben vertieft werden.

Da die fiktive zu unterrichtende Klasse sich in der Vergangenheit bei lebensweltnahen Anwendungsaufgaben äußerst motiviert und interessiert zeigte, soll ein Lebensweltbezug bereits zu Beginn der Unterrichtseinheit hergestellt werden. Ein weiterer Fokus der Unterrichtseinheit liegt auf einer längeren Gruppenarbeit mit anschließender Präsentation am Ende der vier Stunden. Diese wurde vor allem ausgewählt, weil ein sehr positives Klassenklima in dieser Klasse vorhanden ist und sich die Schülerinnen und Schüler (SuS) in der Vergangenheit sehr hilfsbereit und motiviert bei Gruppenarbeiten gezeigt haben.

Um den Unterrichtsentwurf darzustellen, wird in dieser Arbeit wie folgt vorgegangen: Zu Beginn werden die Bedingungsfeldfaktoren in Form der schul-, schüler- und lehrerbezogenen Faktoren sowie den allgemeinen Voraussetzungen im Klassenraum beschrieben. Im nächsten Kapitel wird die Entscheidung für die Unterrichtseinheit begründet. In diesem Kapitel wird auf die Vorgaben der Richtlinien und die Legitimation des Themas und die Einordnung der Unterrichtsstunde in den unterrichtlichen Kontext eingegangen. Es folgt die Darstellung der Inhalts- und Zielentscheidungen durch die Sachanalyse, die Begründung der Stoffauswahl/Inhaltsentscheidung und die Präsentation des Lernziels. Im darauffolgenden Kapitel werden methodische Entscheidungen erläutert, wie die Stoffanordnung, die Methodik und Sozialformen und die verwendeten Medien. Zudem wird auf die Lehr- und Lernzielkontrolle eingegangen. Die detaillierte Unterrichtsverlaufsplanung findet sich im Anhang dieser Arbeit.

2. Unterrichtsentwurf

2.1 Bedingungsfeldfaktoren

2.1.1 Schul- und Schülerbezogene Faktoren

Da es sich um einen fiktiven Unterrichtsentwurf handelt, sind sowohl die Schule, als auch die Klassenzusammensetzung und die Lehrperson ebenfalls fiktiv. Bei der Klasse handelt es sich um einen 12. Jahrgang eines Beruflichen Gymnasiums mit dem Schwerpunkt Wirtschaft im Stadtstaat Hamburg. Nach dreizehn Schuljahren soll das Abitur erreicht werden. Die Klasse befindet sich zum Zeitpunkt der Unterrichtseinheit im zweiten Schulhalbjahr nach den Osterferien. Es besuchen sechsundzwanzig SuS die Klasse, davon sind sechzehn männlichen und zehn weiblichen Geschlechts. Das Alter der SuS variiert zwischen sechzehn und zweiundzwanzig Jahren. Das äußerst positive Lernklima ist in dieser Klasse besonders hervorzuheben. Es herrscht eine vertrauens- und respektvolle Atmosphäre und es wird sich gegenseitig gerne geholfen. Zudem existiert eine sehr offene Fehlerkultur in der Klasse.

Die Leistungsstärken der SuS im Unterrichtsfach Mathematik sind unterschiedlich, obwohl alle SuS in diesem Fach auf erhöhtem Anforderungsniveau unterrichtet werden. Es existiert eine Leistungsspitze von drei SuS mit ausschließlich sehr guten Leistungen, viele erzielen überwiegend gute bis befriedigende Leistungen und die Leistungen einiger SuS sind ausreichend. Die meisten SuS sind sehr fleißig und versuchen, ihre Defizite auszugleichen, indem sie Unterrichtsinhalte zuhause wiederholen. Das soziale Umfeld der SuS ist sehr verschieden. Einige SuS werden zuhause stark unterstützt, andere erhalten keine Unterstützung. Dreizehn SuS haben einen Migrationshintergrund.

Zur Fachkompetenz in Bezug auf die Stochastik lässt sich feststellen, dass sie SuS bereits sachgerecht mit der Binomial- und der Normalverteilung arbeiten können, da das Modul zwei der Studienstufe bereits im letzten Schulhalbjahr intensiv unterrichtet wurde:

Genauer können die SuS

- bei empirischen Phänomenen annähernd normalverteilte Daten erkennen und beschreiben,
- Vorhersagen berechnen und die Abhängigkeit der Vorhersagequalität von der Anzahl der Daten entdecken,
- die Bernoulli-Kette als Modell für bestimmte Zufallsexperimente und die Binomialverteilung als zugehörige Wahrscheinlichkeitsverteilung wieder aufgreifen,
- die Bedeutung der Unabhängigkeit für die Entwicklung stochastischer Modelle erkennen,
- Zufallsexperimente mithilfe von Zufallsgrößen und deren Verteilungen beschreiben und vergleichen, sowie
- bei bekannten Verteilungen Erwartungswert, Varianz und Standardabweichung berechnen und deren Bedeutung erläutern (vgl. Bildungsplan Hamburg 2009: 20).

Die SuS verfügen über eine gute fachliche Sprachkompetenz. Sie verwenden die Fachbegriffe ohne Probleme im richtigen Sachzusammenhang.

Bezüglich der Lern- und Methodenkompetenz lässt sich konstatieren, dass die Leistungsbereitschaft überwiegend hoch ist, der Großteil der SuS etwas lernen möchte und das Ziel des Abiturs vor Augen hat. Es kommt jedoch häufiger vor, dass SuS während der Bearbeitung der Aufgaben Privatgespräche führen, was sich aber nach Ermahnung seitens der Lehrkraft wieder legt. Sonstige Störungen treten im Unterricht nur sehr selten auf. Die SuS haben keine Probleme, ihre Lösungen an der Tafel, am Overheadprojektor oder auf einer Flipchart zu präsentieren, was auf das positive Lernklima und die offene Fehlerkultur zurückzuführen ist. Mit diesen Materialien wird auch häufig im Unterricht gearbeitet. Der Umgang mit dem Taschenrechner (Ti-NSpire CAS) ist den SuS vertraut.

Die SuS helfen sich, wie bereits erwähnt, gerne untereinander. Sie arbeiten gerne und effektiv in der Gruppe und diskutieren verschiedene Herangehensweisen an mathematische Probleme. Die Kommunikations-, Empathie- und Konfliktfähigkeit ist in dieser Klasse sehr ausgeprägt.

2.1.2 Lehrerbezogene Faktoren

Der Lehrer, der die Unterrichtseinheit durchführen soll, ist mit der Klasse vertraut und kennt die Besonderheiten in der Klasse. Ebenso kennen, respektieren und vertrauen die SuS dem Lehrer. Es herrscht eine freundliche, respektvolle Atmosphäre. Das Verhältnis zeichnet sich durch einen humorvollen Umgang miteinander aus, was alle Beteiligten sehr schätzen.

2.1.3 Allgemeine Voraussetzungen im Klassenraum und Material

Im Klassenraum ist genug Platz vorhanden, um Gruppenarbeitstische zu bauen. Die SuS besitzen sowohl eigene Lehrbücher als auch graphikfähige Taschenrechner (Ti NSpire CAS), womit aktiv und häufig gearbeitet wird. Die SuS sind gut auf den Unterricht vorbereitet, haben ihre Unterrichtsmaterialien überwiegend dabei. Ein Overheadprojektor, eine Flipchart, eine Tafel und ein Beamer sind im Klassenzimmer vorhanden. Vor allem der Overheadprojektor wird häufig in der Klasse verwendet.

2.2 Entscheidungsfeldfaktoren
2.2.1 Vorgaben der Richtlinien/Legitimation des Themas

Das Testen von Hypothesen ist eines der beiden, im Bildungsplan der Stadt Hamburg festgelegten, zentralen Ziele des Moduls fünf: „Anwendungsprobleme der Stochastik" für die gymnasiale Oberstufe und unterliegt der Leitidee Daten und Zufall (vgl. Bildungsplan Hamburg 2009: 23). In diesem Modul sollen die SuS sowohl im Unterricht auf grundlegendem Anforderungsniveau, als auch auf erhöhtem Niveau, unter anderem lernen, Prinzipien des Testens von Hypothesen in einfachen Fällen anzuwenden und den Unterschied zwischen statistisch signifikanten und strenglogisch begründeten Ergebnissen kennenzulernen (vgl. ebd.). Hierauf soll die Unterrichtseinheit abzielen. Speziell für Kurse mit erhöhtem Anforderungsniveau ist es unter anderem Ziel, eine Aufgabenstellung, die Kreativität und Vernetzungen fördert, zu lösen (vgl. ebd.). Hierauf soll eine der Anwendungsaufgaben des Unterrichtsentwurfs Bezug nehmen.

Die bisherige Unterrichtsplanung orientiert sich an den Vorgaben des Bildungsplans für Hamburg in Abstimmung der Lehrkraft mit der Fachkonferenz. Es wurde sich dazu entschieden, einen Schwerpunkt auf die Stochastik zu legen. Gemäß Bildungsplan müssen die Module eins, zwei, vier und fünf in den ersten drei Semestern, Modul drei oder Modul sechs im vierten Semester der Studienstufe unterrichtet werden (vgl. Bildungsplan Hamburg 2009: 24). Aus diesem Grund wurde im letzten Schulhalbjahr bereits das Modul zwei: „Der Zufall steht Modell" unterrichtet und die SuS können sachgerecht mit der Binomial- und der Normalverteilung arbeiten (genauere in Modul erworbene Fachkompetenz vergleiche Kapitel 2.1.1) (vgl. Bildungsplan Hamburg 2009: 20).

In der fiktiven Unterrichtseinheit soll die Einführung des einseitigen Hypothesentests als die erste, das Modul fünf betreffende, Unterrichtseinheit im zweiten Schulhalbjahr des 12. Jahrgangs nach den Osterferien erfolgen. Nach den Bildungsstandards im Fach Mathematik für die Allgemeine Hochschulreife der Kultusministerkonferenz werden in der Stochastik die Kompetenzen „Mathematisch modellieren" (K3), „Mathematische Darstellungen verwenden" (K4), „Mit symbolischen, formalen und technischen Elementen der Mathematik umgehen" (K5) und „Mathematisch kommunizieren" (K6) gefördert (vgl. Bildungstandards KMK 2012: 15f.).

Bei der Lösung der Anwendungsaufgaben müssen die SuS auf mathematische Modellierungen zur Problemlösung zurückgreifen. Hierbei sind sowohl vertraute Modellierungen aus dem Modul zwei der Stochastik als Wissensgrundlage von Bedeutung, als auch das im Rahmen der Einführungsaufgabe neu erlernte Wissen. Im Kompetenzbereich K5 ist gefordert, mathematische Operationen mit mathematischen Objekten auszuführen. In der Unterrichtseinheit müssen die SuS mit Größen, Variablen und Zahlen umgehen, sowie spezielle stochastische Verfahren zum Lösen der Aufgaben anwenden und eine reflektierende Bewertung der Lösung vornehmen (vgl. Bildungsstandards KMK 2012: 16). Der Kompetenzbereich K6 umfasst das

Entnehmen von Informationen aus Texten, Äußerungen und sonstigen Quellen sowie das Darlegen eigener Resultate unter Verwendung angemessener Fachsprache (vgl. Bildungsstandards KMK 2012: 17). In der Unterrichtseinheit sollen die SuS Informationen aus einem Film wiedergeben und Informationen aus Texten auf die Mathematik beziehen sowie im Rahmen einer Gruppenarbeit Lösungswege diskutieren und ihre Resultate im Plenum präsentieren. Hierdurch soll in erster Linie die (fach-)sprachliche Kompetenz in der Unterrichtseinheit gefördert werden.

2.2.2 Einordnung der Unterrichtseinheit in den unterrichtlichen Kontext
Die vorliegende Unterrichtseinheit ist die erste im Modul fünf der Stochastik. Dadurch, dass das Modul zwei bereits unterrichtet wurde, besitzen die SuS die notwendige Fachkompetenz, um mit dem Modul fünf beginnen zu können. In den folgenden Unterrichtseinheiten soll auf die Fehler 1. und 2. Art, zweiseitige Hypothesentests und den Satz von Bayes eingegangen werden.

2.3 Inhalts- und Zielentscheidungen
2.3.1 Sachanalyse
Eine Vermutung, die sich auf die Wahrscheinlichkeit eines Ereignisses bezieht, wird als Hypothese bezeichnet. Der Hypothesentest ist ein Verfahren, mit dem entschieden werden kann, ob diese Hypothese wahr oder falsch ist (vgl. Schneider 2015: 368). Die Vermutung wird Gegenhypothese (H1) genannt und gegen die Nullhypothese (H0) getestet (vgl. ebd.).

Es existieren verschiedene Arten von Hypothesentests, wie die folgende Graphik verdeutlicht:

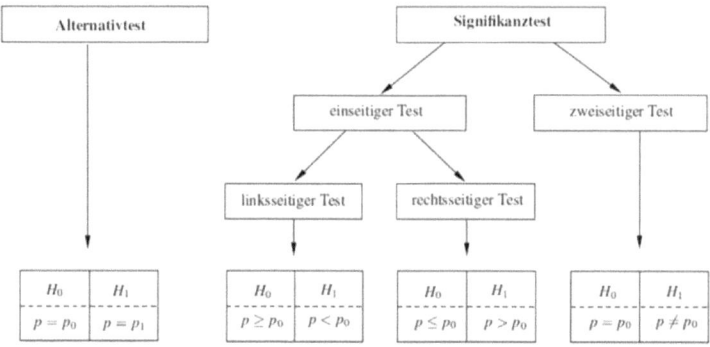

Übersicht über die verschiedenen Testarten (vgl. Schneider 2015: 370)

7

Bei den Hypothesen wird unterschieden zwischen:

1. H: p=p0 (einfache Hypothesen)

2. H: p ≤ p0 (bzw. p ≥ p0) (zusammengesetzte Hypothesen)

Hieraus ergeben sich verschiedene Testarten, die in der Abbildung auf dieser Seite illustriert sind. Beim Alternativtest liegen sowohl für die Null- als auch für die Gegenhypothese zwei feste Wahrscheinlichkeiten p0 ungleich p1 vor (zwei einfache Hypothesen). Im Gegensatz dazu unterscheidet man beim Signifikanztest zwischen einem einseitigem und einem zweiseitigen Test. Beim zweiseitigen Test kann die Wahrscheinlichkeit der Gegenhypothese sowohl größer als auch kleiner als p0 sein (es werden zwei Seiten betrachtet) (vgl. Schneider 2015: 370).

Bei einseitigen Tests haben die Hypothesen folgende Formen:

Linksseitiger Test: Nullhypothese H0: p ≥ p0, Gegenhypothese: H1: p < p0

Rechtsseitiger Test: Nullhypothese H0: p ≤ p0, Gegenhypothese H1: p > p0

(vgl. Mathe LV, unter:
www.schullv.de/resources/01_mathelv/01_basiswissen//signifikanztest_einseitiger_test_spick
zettel.pdf).

Ziel der Tests ist es, eine Entscheidung treffen zu können, ob H0 verworfen oder beibehalten werden kann. Dabei wird nach den folgenden Stufen vorgegangen:

1. Zunächst wird sich Klarheit über die Grundgesamtheit verschafft und eine Hypothese über die Verteilung als Modell der zu beschreibenden stochastischen Situation aufgestellt.
2. Es wird ein Stichprobenplan entworfen.
3. Die Stichprobe wird gezogen.
4. Es wird geprüft, ob die Verteilung der erhobenen Daten mit der entwickelten Hypothese übereinstimmt (vgl. Tietze et al. 2002: 66).

H0 soll angenommen oder abgelehnt werden. Dabei soll das Risiko für eine irrtümliche Ablehnung von H0 reduziert werden. Aus diesem Grund wird beim Bearbeiten der genannten Stufen das Signifikanzniveau (die Irrtumswahrscheinlichkeit) Alpha festgelegt. Häufig wird das Signifikanzniveau mit Alpha= 0,05, 0,01 oder 0,001 gewählt (vgl. Tietze et al. 2002: 69). Je kleiner Alpha gewählt wird, desto signifikanter ist der Test (vgl. ebd.).

Die **Entscheidungsregel** ordnet der Nullhypothese einen Annahmebereich A und einen Ablehnungsbereich A* zu (vgl. Schneider 2015: 368).

Der Ablehnungsbereich A* und der Annahmebereich A haben bei einseitigen Hypothesentests folgende Form:

Linksseitiger Test: $A^* = [0; k-1]$ $A = [k; n]$

Rechtsseitiger Test: $A^* = [k+1; n]$ $A = [0; k]$

Liegt die Anzahl der Treffer der Stichprobe innerhalb dieses Ablehnungsbereichs, so wird die Hypothese auf dem gewählten Signifikanzniveau verworfen, andernfalls liegt sie innerhalb des Annahmebereichs und wird als bestätigt angesehen. Die Intervallgrenze k wird beim linksseitigen Test linke Grenze und beim rechtsseitigen Test rechte Grenze genannt und kann berechnet werden (vgl. Mathe LV, unter: www.schullv.de/resources/01_mathelv/01_basiswissen//signifikanztest_einseitiger_test_spick zettel.pdf).

2.3.2 Stoffauswahl/Inhaltsentscheidung

In der Unterrichtseinheit sollen die SuS Problemstellungen von einseitigen Hypothesentests kennenlernen und anhand von verschiedenen Anwendungen vertiefen. Es wurde sich bewusst dazu entschieden, zunächst nur die einseitigen Hypothesentests vertiefend einzuführen, um die Komplexität zu reduzieren und das Vorgehen verständlich zu machen. Zudem kann sich durch die Reduktionsentscheidung vertiefend mit einem spezifischen Themenaspekt des Moduls Stochastik II befasst werden, wodurch der Wissenserwerb und das Behalten erleichtert werden sollen. Ein zu breites Themenfeld würde die Gefahr mit sich bringen, dass die Bearbeitungstiefe nicht gewährleistet werden kann. Grundlage sind stochastische Vorkenntnisse, die im Rahmen des Moduls zwei erworben wurden. Die Kenntnisse aus diesem Modul werden vorausgesetzt, weshalb sie nicht noch einmal aufgegriffen werden.

Durch den Unterrichtseinstieg in Form eines Films über eine Marketingkampagne eines Fitnessclubs durch Blogger auf Instagram soll direkt an die Lebenswelt der SuS angeknüpft werden, wodurch die Aufmerksamkeit der SuS erhöht und Interesse erzeugt werden soll. Dies soll bereits zu Stundenbeginn die Motivation steigern und einen Bezug von Hypothesentests zur Realität herstellen. Den Lernenden wird zunächst das Vorgehen bei einem rechtsseitigen Hypothesentest an dem Beispiel der Marketingkampagne des Fitnessclubs durch die Lehrkraft erklärt, damit sie in die Thematik eingeführt werden. Im Anschluss werden verschiedene Anwendungsaufgaben bearbeitet und es wird ein Überblick über die verschiedenen Arten von Hypothesentests gegeben. Es folgt eine vertiefte Anwendung in Form einer Gruppenarbeit, die auch den, den SuS unbekannten, Aufgabentyp einer Änderung einer zuvor gestellten Aufgabe beinhaltet, was kreatives und vernetztes Denken, wie für das erhöhte Anforderungsniveau gefordert, steigern soll.

2.3.3 Lernziel

Das Lernziel der Unterrichtseinheit lässt sich wie folgt definieren:

Die SuS lernen Problemstellungen einseitiger Hypothesentests kennen und vertiefen ihr neu erlerntes Wissen anhand von Anwendungsaufgaben zu der Thematik.

2.4 Methodische Entscheidung
2.4.1 Stoffanordnung

Die Stoffanordnung basiert auf einem induktiven Vorgehen, es wird folglich von einem Fallbeispiel auf eine allgemeine Vorgehensweise geschlossen. „Das induktive Vorgehen hat den Vorteil, daß die Schüler den Verallgemeinerungsprozeß selbst vollziehen, wodurch er sich bei ihnen fester einprägen kann. Die Schüler werden vom Lehrer nach und nach zur Erkenntnis geführt, der Denkprozeß vollzieht sich in kleinen und überschaubaren Schritten. Er kann dabei so gelenkt werden, daß der Lehrer infolge der Rückkoppelungsvorgänge den Erkenntnisfortschritt der Schüler beobachten und das Vorwärtsschreiten darauf einstellen kann. Auf diese Weise wird gesichert, daß alle Schüler dem Vorgehen des Lehrers zu folgen vermögen und daß sie den Stoff wirklich verstehen" (Riehme, unter: www.fachdidaktik-einecke.de/3_ Sprachdidaktik/induktiv_deduktiv_riehme.htm).

Die Unterrichtseinheit wird durch die Begrüßung der SuS durch die Lehrkraft, die Vorstellung des Themas und des Ablaufs eingeleitet. In der Einstiegsphase wird eine reale Problemstellung anhand eines Films über eine Marketingkampagne eines Fitnessclubs auf Instagram aufgezeigt.

In der ersten Erarbeitungsphase erfragt die Lehrkraft relevante Informationen aus dem Film und teilt ein Arbeitsblatt mit weiteren, für den Hypothesentest notwendigen, Informationen zum Anwendungsbeispiel aus. Es folgt die Erklärung des mathematischen Vorgehens beim rechtsseitigen Hypothesentest anhand des Anwendungsbeispiels der Marketingkampagne seitens der Lehrkraft. Dabei werden relevante Informationen auf einer Folie auf dem Overheadprojektor notiert, sodass die SuS das Vorgehen im Rahmen der anschließenden Ergebnissicherung notieren können.

In der zweiten Erarbeitungsphase soll das neu erlernte Wissen durch Anwendungsaufgaben vertieft werden. Dazu teilt die Lehrkraft ein Arbeitsblatt mit vier Aufgaben aus. Die SuS sollen die Aufgaben eins und zwei zunächst versuchen, in Einzelarbeit zu lösen, falls sie nicht weiterkommen, können auch Kleingruppen gebildet werden oder leistungsstarke SuS, die bereits mit den Aufgaben fertig sind, können schwächeren SuS bei der Bearbeitung helfen. Zur Ergebnissicherung notiert die Lehrkraft die richtigen Lösungen im Anschluss auf einer Folie auf dem Overheadprojektor, sodass die SuS sie abschreiben können.

Nach der Pause beginnt die dritte Erarbeitungsphase. Die Lehrkraft teilt hierzu Kopien mit einer Graphik zu den verschiedenen Arten von Hypothesentests aus und legt eine Folie, auf die die Graphik ebenfalls kopiert ist, auf den Overheadprojektor auf. Die Lehrkraft erläutert die Graphik, wobei der Fokus auf der Erklärung des Unterschieds zwischen links- und rechtsseitigen Hypothesentests liegen soll. Die relevanten Unterschiede werden von der Lehrkraft auf der Folie notiert und sollen von den SuS abgeschrieben werden. Dazu befindet sich Platz unter der Graphik auf dem Arbeitsblatt. In der dritten Erarbeitungsphase soll den SuS deutlich werden, dass in den vorherigen Stunden lediglich ein kleiner Ausschnitt der Hypothesentests behandelt wurde. Sie sollen verstehen, dass die Thematik deutlich komplexer, als bisher angenommen ist und einen ersten Eindruck auf zukünftig im Unterricht relevante Themen, wie den zweiseitigen Hypothesentest, erhalten.

Zu Beginn der vierten Erarbeitungsphase wird eine Gruppenbildung seitens der Lehrkraft vorgenommen. Die Gruppen sollen ungefähr eine gleiche Leistungsstärke besitzen. Die Zeitangaben für die Gruppenarbeit werden an der Tafel festgehalten. Die SuS sollen die Aufgaben drei und vier des Arbeitsblatts gemeinsam in der Gruppe lösen und ihre Ergebnisse auf einer Flipchart zur späteren Präsentation notieren. Die Gruppenarbeit ist für das Ende der Unterrichtseinheit vorgesehen, da die SuS sehr gerne in der Gruppe arbeiten und so die Motivation zum Ende der Einheit gesteigert werden soll, auch um allgemeinen Ermüdungserscheinungen entgegenzuwirken. Die Aufgabe vier soll durch die ungewöhnliche Aufgabenstellung zusätzliche Motivation erzeugen und Kreativität und vernetztes Denken fördern. Auch soll die in Aussicht gestellte Präsentation der Ergebnisse zum Ende der Stunde einen Anreiz schaffen, sich besonders anzustrengen.

Im Anschluss an die Gruppenarbeit wählt die Lehrkraft zwei Gruppen aus, die ihre Ergebnisse im Plenum präsentieren. Die anderen SuS sollen dabei ihre Ideen einbringen und die Ergebnisse der präsentierenden Gruppen gegebenenfalls verbessern. Es wird gemeinsam eine Flipchart mit einer richtigen Lösung neu erstellt beziehungsweise (falls bereits richtig oder teilweise richtig gelöst) ausgewählt und gegebenenfalls gemeinsam verbessert. Die SuS sollen hierdurch das Gefühl bekommen, aktiv an dem Ergebnis beteiligt zu sein. Es folgt erneut eine Ergebnissicherung, indem sich die SuS die Lösungen notieren.

Als mögliche Hausaufgabe (oder auch didaktische Reserve/Zusatzaufgabe für besonders leistungsstarke SuS) eignet es sich, die SuS die neue, durch Aufgabe vier erzeugte, Aufgabenstellung zu Aufgabe eins lösen zu lassen oder die SuS dazu aufzufordern, sich selbst Aufgaben zu links- oder rechtsseitigen Hypothesentests auszudenken. Hierbei sollte allerdings ein Rahmen (wie die Irrtumswahrscheinlichkeit und Binomialverteilung) vorgegeben werden. Diese Aufgaben fördern die Kreativität und vernetztes Denken in besonderem Maße. Der Vergleich und die Ergebnissicherung müssen im Fall einer Zusatz- oder Hausaufgabe in der nächsten Unterrichtsstunde erfolgen.

2.4.2 Methodik und Sozialformen

Die Sozialformen und Methoden variieren im Verlauf der Stunde. Hierdurch sollen Elemente der Instruktion und Konstruktion miteinander vereinbart werden. „Die Schüler müssen instruiert werden, damit sie selbstständig arbeiten können..." (Gudjons 2006: 167). Des Weiteren sollen die Lernprozesse der SuS, auch wenn letztere sich nicht planen lassen, durch den Wechsel der Sozialformen und Methoden angeregt und unterstützt werden sowie Ermüdungserscheinungen vorgebeugt und die Aufmerksamkeit der SuS aufrechterhalten werden. Die Selbstständigkeit und die Sprechanteile der SuS sollen im Stundenverlauf immer weiter zunehmen. Aus diesem Grund wird zu Beginn ein lehrerzentrierter Unterricht in Form eines Lehrervortrags und Frontalunterricht stattfinden und die Gruppenarbeit und deren Präsentation der SuS zuletzt erfolgen.

Damit die SuS einen Eindruck davon erhalten, was sie im Verlauf der Unterrichtseinheit erwartet, wird zu Beginn ein kurzer Überblick an der Tafel in Form eines Lehrervortrags (Frontalunterricht) aufgezeigt. Der Lehrervortrag im Frontalunterricht eignet sich besonders gut, um die Aufmerksamkeit der SuS auf die Lehrperson zu lenken. Zudem können für den weiteren Verlauf relevante Informationen gut strukturiert innerhalb weniger Minuten an die SuS weitergegeben werden (vgl. Bundeszentrale für politische Bildung, unter:

www.bpb.de/lernen/formate/methoden/46956/lehrervortrag). Das Notieren an der Tafel hat den weiteren Vorteil, dass die Lehrkraft sich selbst festlegt und diszipliniert (vgl. Meyer 2004: 36).

In der Einstiegsphase wird das Anwendungsbeispiel in Form des Abspielens eines Films (Frontalunterricht) gezeigt. Hierdurch soll bereits zu Beginn der Stunde die SuS das Interesse der SuS durch diesen nicht alltäglichen Einstieg geweckt werden.

Nach einem kurzen Lehrer-Schüler-Gespräch über relevante Informationen aus dem Film, wird zur Methode des Lehrervortrags (Frontalunterricht) zurückgewechselt, um die Erklärungen zum Hypothesentest am Anwendungsbeispiel vorzunehmen. Hierbei eignet sich der Lehrervortrag, um die Informationen thematisch gut zu organisieren und da die Lehrkraft auf diese Weise den anzueignenden Sach-, Sinn- und Problemzusammenhang den Lernenden darstellen kann. Dies ist besonders bei der Einführung eines neuen Themas relevant (vgl. Fischer/ Hahn 2005: 182). Durch den Frontalunterricht soll in dieser Phase zudem sichergestellt werden, dass alle SuS aufmerksam sind und keiner aus dem Sichtfeld der Lehrkraft gerät.

Um Abwechslung zu schaffen, wird in der folgenden Phase auf die Methodik bzw. Sozialform der Einzelarbeit gewechselt, in welcher Anwendungsaufgaben gelöst werden sollen. So soll auch jeder Schüler und jede Schülerin die Möglichkeit bekommen, selbst zu testen, ob er das neu Erlernte schon in anderen Kontexten anwenden kann oder feststellen, wo noch Schwierigkeiten liegen. Letztere können eventuell auch durch Arbeit in Kleingruppen behoben werden. Zur Ergebnissicherung findet ein Lehrer-Schüler-Gespräch im Frontalunterricht statt, damit die SuS die Gelegenheit bekommen, aktiv ihre Lösungen zu präsentieren und Wertschätzung erfahren.

Nach der Pause wird erneut frontal mit einem Lehrervortrag bzw. einem Lehrer-Schüler-Gespräch unterrichtet. Dies ist in dieser Phase erforderlich, da es sich bei der dritten Erarbeitungsphase erneut um die Einführung und Erklärung einer neuen Thematik handelt (vgl. Begründung zum Frontalunterricht im ersten Absatz; Fischer/ Hahn 2005: 182).

In der letzten Phase erfolgt ein Wechsel zur Gruppenarbeit, was die Motivation fördern und erneut Abwechslung schaffen soll. Die Gruppenarbeit bietet sich in dieser Klasse vor allem aufgrund der heterogenen Leistungsstärke, dem positiven Klassenklima und der ausgeprägten

Hilfsbereitschaft an. Gruppenarbeit fördert und fordert soziale und kommunikative Kompetenzen, da die Gruppenmitglieder die Problembearbeitung effizient und kooperativ gestalten müssen, sich verständigen und ihre gemeinsamen Ergebnisse nach außen präsentieren müssen (vgl. Barzel et al., zitiert nach Green/Green, 2007: 84). Zudem bereitet Gruppenarbeit auf die späteren Erfordernisse im gesellschaftlichen Leben und Berufsleben vor, da in diesen Bereichen Teamarbeit gefordert wird (vgl. ebd.). SuS nehmen Gruppenarbeit meist als motivierend war, da sie Erklärungen durch andere Mitschüler als hilfreich empfinden. Die Aufgaben drei und vier sind von etwas komplexerer Natur, wodurch sich die Bearbeitung in der Gruppe eignet (vgl. Barzel et al. 2007: 85).

Durch die anschließende Präsentation der Ergebnisse kann die Reflexion der eigenen Bearbeitung und die Suche nach gemeinsamen und unterschiedlichen Strukturen angeregt werden und damit auf natürliche Weise eine Abstraktion und Systematisierung initiiert werden (vgl. Barzel et al. 2007: 166).

2.4.3 Medien/Materialien

Im Verlauf der Unterrichtseinheit werden die Tafel, ein Film (Beamer/ Laptop bzw. PC), Arbeitsblätter, Folien (auf dem Overheadprojektor) und die Flipchart genutzt.

Die Tafel wird nur für die Ablaufplanung zu Beginn und das Festlegen der Zeitangaben am Ende verwendet. Sie wird größtenteils durch den Overheadprojektor ersetzt. Letzterer bietet den Vorteil, dass Folien bereits vorbereitet werden und schnell ausgetauscht werden können. Zudem hat die Lehrkraft beim Erklären stets die ganze Klasse im Blick und dreht ihr nicht den Rücken zu, was Unruhe vorbeugen soll. Auch wird Zeit durch nicht notwendiges Wischen der Tafel eingespart. Der Film soll die Aufmerksamkeit steigern, da es sich hierbei um einen ungewöhnlichen Unterrichtseinstieg handelt. Die Arbeitsblätter sind Materialien, mit denen die SuS häufig arbeiten. Es wurde versucht, diese durch Bilder ansprechend zu gestalten. Durch das Aufschreiben auf der Flipchart sollen die SuS selbst lernen, Informationen zu selektieren und zu präsentieren. Die Flipchart wird sonst nicht häufig im Unterricht verwendet und bringt deshalb Abwechslung in den Unterricht. Zudem kann sehr gut groß und mit verschiedenen Farben darauf geschrieben werden.

2.4.4 Ergebnissicherung und Lehr- und Lernzielkontrolle

Nach jeder Erarbeitungsphase findet eine Ergebnissicherung statt. Damit soll garantiert werden, dass alle SuS die gleichen Informationen zur Hand haben und die Möglichkeit haben, sich die Inhalte der Stunde zuhause nochmal anzusehen.

14

Die SuS müssen ihr erlerntes Wissen anwenden und erklären können. Um überprüfen zu können, ob die SuS das Lernziel erreicht haben, wird eine Kontrolle der Lehr- und Lernziele durchgeführt. Durch das gemeinsame Erarbeiten der Lösungen zu den Aufgaben eins und zwei im Lehrer-Schüler-Gespräch sowie bei der Präsentation der Gruppenarbeit und der anschließenden Diskussion der Ergebnisse zeigt sich, inwieweit die Lernenden die Aufgaben richtig verstanden und bearbeitet haben.

Literaturverzeichnis

Barzel, Bärbel/ **Büchter**, Andreas/ **Leuders**, Timo (2007): Mathematik Methodik: Handbuch für die Sekundarstufe I und II. Berlin: Cornelsen.

Bildungsplan Hamburg (2009): Bildungsplan gymnasiale Oberstufe: Mathematik. Hamburg: Behörde für Schule und Berufsbildung, unter: www.hamburg.de/contentblob/1475206/2343a2095b4dd0a332254346c2a8b825/data/mathem atik-gyo.pdf, abgerufen am 15.09.2017.

Bildungsstandards KMK (2012): Bildungsstandards im Fach Mathematik für die Allgemeine Hochschulreife: (Beschluss der Kultusministerkonferenz vom 18.10.2012). Bonn und Berlin: KMK, unter: www.kmk.org/fileadmin/Dateien/veroeffentlichungen_beschluesse/2012/2012_10_18-Bildungsstandards-Mathe-Abi.pdf, abgerufen am 15.09.2017.

Bundeszentrale für politische Bildung (2004): Lehrervortrag, unter: www.bpb.de/lernen/formate/methoden/46956/lehrervortrag, abgerufen am 15.09.2017.

Fischer, Andreas/**Hahn**, Gabriela (2005): Mit GEIST unterrichten. Münster: LIT.

Gudjons, Herbert (2006): Neue Unterrichtskultur- veränderte Lehrerrolle. Bad Heilbrunn: Klinkhardt.

Mathe LV (o.J.): Einseitiger Test, unter: www.schullv.de/resources/01_mathelv/01_basiswissen//signifikanztest_einseitiger_test_spick zettel.pdf, abgerufen am 15.09.2017.

Meyer, Hilbert (2007): Was ist guter Unterricht? 4. Auflage. Berlin: Cornelsen.

Riehme, Joachim (o.J.): Induktives und deduktives Vorgehen, unter: www.fachdidaktik-einecke.de/3_Sprachdidaktik/induktiv_deduktiv_riehme.htm, abgerufen am 15.09.2017.

Schneider, Walter (2015): Mathematik für die Berufliche Oberschule, Berlin und Heidelberg: Springer.

Tietze, Uwe-Peter/ **Klika**, Manfred/ **Wolpers**, Hans (2002): Mathematikunterricht in der Sekundarstufe II: Didaktik der Stochastik. Band 3. Braunschweig und Wiesbaden: Vieweg.

Anhang

I. Unterrichtsverlaufsplanung

Uhrzeit	Unterrichtsphase	Inhalt	Methode/ Sozialform	Medien/ Material
7:45- 7:55	Begrüßung	- Begrüßung der SuS - kurze Vorstellung des Themas der Stunde und des Ablaufs	LV/ Frontalunterricht	Tafel
7:55- 08:05	Einstiegsphase	- Zeigen des Films zur Marketingkampagne des Fitnessclubs Bodymaxx	Film zeigen/ Frontalunterricht	Laptop/ PC, Beamer, Film auf USB-Stick
08:05- 08:40	1. Erarbeitungsphase	- Lehrkraft erfragt relevante Informationen aus dem Film - AB mit Informationen zu dem Film werden von der Lehrkraft ausgeteilt - Lehrkraft erklärt das mathematische Vorgehen und den Hypothesentest am OHP, notiert dabei relevante Informationen auf der Folie, offene Fragen werden besprochen (25 Minuten)	LV, LSG/ Frontalunterricht	AB Informationen Film, OHP, Folie, Folienstifte
		Ergebnissicherung: - SuS notieren sich die Informationen (10 Minuten)		
08:40- 09:15	2. Erarbeitungsphase	-Lehrkraft teilt AB mit den Aufgaben 1-4 aus -SuS sollen Aufgaben 1 und 2 in Einzelarbeit lösen (ggf. in Kleingruppen) (25 Minuten)	Einzelarbeit, (Gruppenarbeit)	AB mit Aufgabe 1-4
		Ergebnissicherung: - Lehrkraft notiert die richtigen Lösungen auf dem OHP	LSG/ Frontalunterricht	AB mit Aufgabe 1-4, OHP, Folie, Stifte

		- SuS notieren die richtigen Ergebnisse (10 Minuten)		
PAUSE (20 Minuten)				
09:35- 10:00 Uhr	3. Erarbeitungsphase	- die Lehrkraft teilt Kopien mit Graphik zu Arten des Hypothesentests aus - Lehrkraft legt Folie mit Graphik zu Arten des Hypothesentests auf den OHP - Lehrkraft erklärt Graphik, Fokus: Unterschied zwischen links- und rechtsseitigen Hypothesentests - Lehrkraft notiert relevante Unterschiede auf Folie (15 Minuten)	LV, LSG/ Frontalunterricht	AB mit Graphik Arten von Hypothesentests, Folie mit Graphik Arten von Hypothesentests, OHP, Folie, Stifte
		Ergebnissicherung: - SuS notieren sich die wichtigsten Unterschiede der beiden Tests auf ihrem AB (10 Minuten)		
10:00 Uhr- 11:05 Uhr	4. Erarbeitungsphase	- Gruppenbildung wird durch die Lehrkraft vorgenommen - Zeitangaben für die Gruppenarbeit werden an der Tafel festgelegt (10 Minuten) - die SuS bearbeiten Aufgabe 3 und 4 des Arbeitsblatts mit den Aufgaben 1-4 in Gruppen und halten ihre Ergebnisse auf einer Flipchart fest	Gruppenarbeit	AB Aufgabe 1-4, Flipchart, Stifte, Tafel

		(25 Minuten)		
	Präsentations- und Reflexionsphase	- die Lehrkraft wählt zwei Gruppen aus, die ihre Ergebnisse auf der Flipchart im Plenum präsentieren - die anderen SuS korrigieren, bringen ihre Ergebnisse und Ideen ein - Es wird eine Flipchart mit den richtigen Lösungen festgestellt bzw. neu erstellt (20 Minuten)	LSG/ Frontalunterricht	Flipchart
		Ergebnissicherung - SuS notieren sich die richtigen Lösungen (10 Minuten)		
Falls noch Zeit übrig ist (5 Minuten)	Hausaufgabe stellen (auch als didaktische Reserve/Zusatzaufgabe für leistungsstarke SuS möglich)	- Bearbeiten der neuen Aufgabenstellung von Aufgabe 4 - SuS sollen selbst Aufgaben zu links- oder rechtsseitigen Tests (Vergleich und Ergebnissicherung in der nächsten Stunde)	Einzelarbeit (Gruppenarbeit)	AB mit Aufgaben 1-4

II. Informationen für die Lehrkraft

Thema 1: Einführung in den rechtsseitigen Hypothesentest anhand einer Anwendungsaufgabe	Stunde der vierstündigen Unterrichtseinheit: 1./2. Stunde
	Zeitlicher Rahmen: 45 Minuten

Rolle der Lehrkraft und Zeitbedarf im Einzelnen:

Die Lehrkraft zeigt zunächst den Kurzfilm mithilfe eines Laptops und Beamers. (10 Minuten)

Anschließend erfragt sie die relevanten Informationen aus dem Film im Lehrer-Schüler-Gespräch. Sie gibt die weiteren Informationen zum Lösen der Aufgabe, sowie die Informationen aus dem Film als Kopie an die Schüler aus. Nun erklärt sie das mathematische Vorgehen und den Hypothesentest am Overheadprojektor und schreibt dabei relevante Informationen auf einer Folie auf. Die Schüler sollen nicht mitschreiben, damit sie sich auf das Verstehen konzentrieren können. Offene Fragen sollen an dieser Stelle besprochen werden. (25 Minuten)

Im Anschluss wird den SuS Zeit zum Abschreiben gegeben, um das neu Erlernte durch eigenes Aufschreiben zu verfestigen. (10 Minuten)

Ausgangssituation:

- **Kurzfilm (10 Minuten) über eine geplante Werbekampagne des lokalen Fitnessclubs Bodymaxx**
- **Der Film beschreibt die Durchführung und das Ziel einer Werbekampagne durch Blogger auf Instagram**

Informationen aus dem Film:

Der Bodymaxx Fitnessclub ist ein kleines lokales Fitnessstudio, welches neu eröffnet hat und sich auf eine sehr junge Zielgruppe von 15 bis 25 Jahren spezialisiert. Es hat zurzeit 120 Mitglieder. Eine Stichprobe von 80 Mitgliedern ergibt, dass 60% der Mitglieder des Fitnessclubs derzeit im Alter zwischen 15 und 25 Jahren sind.

Durch eine gezielte zweimonatige Werbekampagne, in der bekannte Blogger das Fitnessstudio auf ihrem Instagramaccount bewerben, sollen mehr Mitglieder in dieser Altersgruppe angeworben werden.

Anders formuliert ist es das Ziel der Kampagne, dass nach einem halben Jahr mehr als 60% der Mitglieder im Alter zwischen 15 und 25 Jahren sind.

Weitere Informationen zum Lösen der Aufgabe:

Es wird angenommen, dass bereits ein halbes Jahr nach der Werbekampagne mehr als 60% der Mitglieder im Alter zwischen 15 und 25 Jahren sind.

Nach dem halben Jahr wird erneut eine Stichprobe im Umfang von 80 Mitgliedern untersucht, um festzustellen, wie hoch der prozentuale Anteil an Personen in der Altersgruppe von 15 bis 25 Jahren ist.

Es wird ausgeschlossen, dass die Marketingkampagne negative Auswirkungen auf den Anteil der 15 bis 25-jährigen Mitglieder im Fitnessclub hat.

Es wird mit einer Irrtumswahrscheinlichkeit von Alpha = 5 % getestet.

Mathematisches Vorgehen:

Da die Annahme, dass ein halbes Jahr nach der Marketingkampagne mehr als 60% der Mitglieder in der Altersgruppe der 15 bis 25-jährigen sind, bewiesen werden muss, wird sie als Gegenhypothese H_1 definiert. Diese Hypothese muss akzeptiert oder verworfen werden.

Da p > 0,6 getestet wird, bezeichnet man den Test in diesem Fall als rechtsseitig.

In dem Fall dieser Aufgabe ist p nicht bekannt, deshalb wird die Gegenhypothese H_0 (Nullhypothese) geprüft.

Die Nullhypothese ist in diesem Fall die Hypothese, dass sich auch ein halbes Jahr nach der Marketingkampagne keine Veränderung bezüglich des Anteils der 15 bis 25-jährigen an allen Fitnessstudiogängern ergeben hat, der prozentuale Anteil der Mitglieder in der Altersgruppe liegt also nach wie vor bei 60%; p=60%.

Der Hypothesentest:

Weichen die Ergebnisse dieses Testes eindeutig nach oben ab, so wird angenommen, dass nach der Werbekampagne nicht p = 0,6 zutrifft, sondern p > 0,6. Dann würde H_0 verworfen.

Wenn die Ergebnisse des Tests in dem normal zu erwartenden Bereich für p = 60 % liegen, ist H_0 akzeptabel. In diesem Fall wird H_0 nicht verworfen und H_1 nicht akzeptiert.

Für die Abweichung eindeutig nach oben bzw. für den normal zu erwartenden Bereich wird in diesem Fall eine Sicherheitswahrscheinlichkeit von 95 % gefordert, bzw. ein "Restrisiko" in Form der Irrtumswahrscheinlichkeit α = 5 % akzeptiert.

H_1: p > 0,6 (rechtsseitig); H_0: p = 0,6; α = 5 %; X: Zahl der Personen im Fitnessstudio nach einem halben Jahr in der Altersgruppe 15-25 Jahre; X ist binomialverteilt mit p = 0,6 und n = 80.

$P(X \leq 54) = 93,3$ %; $P(X \leq 55) \approx 95,8$ %.

[An dieser Stelle das Ablesen aus der Tabelle im Tafelwerk und Eingabe in den TI Nspire zeigen]

$P(X = 55) = 2,5$ % entspricht der geforderten 95 %-Sicherheitswahrscheinlichkeit. Ergebnisse ab k = 56 führen zu einem Verwerfen von H_0. Deshalb lautet der sogenannte Verwerfungsbereich V = {56, 57, ..., 80}.

Liegt das Testergebnis in V, so wird H_0 verworfen und H_1 akzeptiert. Liegt es nicht in V, so wird H_0 nicht verworfen und H_1 nicht akzeptiert.

Mit diesen Vorgaben kann der Test durchgeführt und das Ergebnis bewertet werden. Die Testdaten führen zur Entscheidung ob die Marketingkampagne erfolgreich oder nicht erfolgreich in Bezug auf das genannte Ziel war.

Thema 2: Anwendung des rechtsseitigen Hypothesentests anhand von Aufgaben	**Stunde der vierstündigen Unterrichtseinheit: 1./2. Stunde**
	Zeitlicher Rahmen: 35 Minuten

Die Lehrkraft teilt das Arbeitsblatt mit den Aufgaben 1-4 aus. Die SuS sollen die Aufgaben 1 und 2 zunächst in Einzelarbeit lösen. Sollten einige SuS alleine nicht weiterkommen, können auch Kleingruppen gebildet werden. SuS, die bereits fertig sind, können den schwächeren SuS ebenfalls helfen. (25 Minuten)

Im Anschluss werden die Lösungen im Lehrer-Schüler-Gespräch auf einer Folie am Overheadprojektor vorgestellt und notiert. Es ist wichtig, dass alle SuS die Ergebnissicherung vom Overheadprojektor notieren. (10 Minuten)

Aufgabe 1: Große Lottozahlen

Jemand behauptet, dass die Ziehungsmethode beim Lottospiel 6 aus 49 die größeren Zahlen bevorzuge: Die zuerst in die Lostrommel fallenden Kugeln werden häufiger gezogen als die anderen. Lässt sich diese Hypothese halten? ($\alpha = 5\%$)

Die großen Zahlen (43 bis 49) der unteren Reihe wurden in 1473 Ziehungen als erste Zahl einer Wochenziehung 226mal gezogen.

Lösung zu Aufgabe 1: Große Lottozahlen:

Es handelt sich um einen rechtsseitigen Test, da eine Bevorzugung behauptet wird.

Die 7 Zahlen stellen $\frac{1}{7}$ der 49 Zahlen dar.

$H_1 : p > \frac{1}{7}$ -> Die 7 großen Zahlen werden beim Lotto bevorzugt gezogen.

$H_0 : p = \frac{1}{7}$ ->Sie werden ganz normal gezogen.

$\alpha = 5\%$; n = 1473

X: Zahl der Ziehungen (als erste Zahl) einer Zahl aus {43, 44, ..., 49}. X ist binomialverteilt.

Gesucht ist k, so dass P (X $\leq$ k) erstmalig 95 % überschreitet.

P (X $\leq$ 232) $\approx$ 94,8 %; P (X $\leq$ 233) $\approx$ 95,6 %

V = {234, 235 .... 1473}

22

Da 226 $\notin$ V, wird H_0 nicht verworfen und H_1 nicht akzeptiert. Die größeren Zahlen werden beim Lotto nicht ungewöhnlich häufig gezogen.

(Aufgabe unter: www.mued.de)

Aufgabe 2: Medikamententest

Ein Medikament A ist laut Untersuchungen in 98% aller Fälle wirksam. Ein vergleichbares, aber günstigeres Medikament B darf nur dann auf den Markt gebracht werden, wenn es eine bessere Wirkung als das Medikament A besitzt. Das Medikament B wird an 300 Personen getestet. Bei wie vielen dieser Personen muss das Medikament B Wirkung zeigen, damit diesem mit einer Sicherheit von 95% eine bessere Wirkung als dem Medikament A attestiert werden kann?

Lösung zu Aufgabe 2:

Nullhypothese H_0: p=0,98
Gegenhypothese H_1: p > 0,98

Es handelt sich um einen rechtsseitigen Test.

Der Ablehnungsbereich ist V={k+1,...,300}.

α = 5%; n = 300

Die Zufallsvariable X sei die Anzahl der Personen, bei denen das Medikament B wirkt. X ist binomialverteilt.

Der Wert von k ist so zu wählen, dass gilt: $P(X \geq k+1) \leq \alpha$ -> $1-P(X \leq k) \leq 0,05$

Es ergibt sich [mit dem TI Nspire] k = 298 mit $1-P(X \leq 298)$= 0,017

Der Ablehnungsbereich V = {299,300}.

Das Medikament muss bei mindestens 299 Personen Wirkung zeigen.

(Aufgabe unter: **www.mathe-aufgaben.com**).

Thema 3: Arten von Hypothesentests	Stunde der vierstündigen Unterrichtsein-heit: 3./4. Stunde
	Zeitlicher Rahmen: 25 Minuten

Die Lehrkraft teilt Kopien mit der untenstehenden Graphik aus und legt diese als Folie auf dem Overheadprojektor auf. Alternativtest und zweiseitiger Test werden nur ganz kurz erläutert. Der Fokus liegt auf dem Erklären der Unterschiede zwischen links- und rechtsseitigen Tests. Diese Unterschiede werden auf Folie notiert. Es wird darauf Bezug genommen, dass bisher (in der letzten Doppelstunde) nur rechtsseitig getestet wurde. (15 Minuten)

Die SuS erhalten Zeit zum Abschreiben. (10 Minuten)

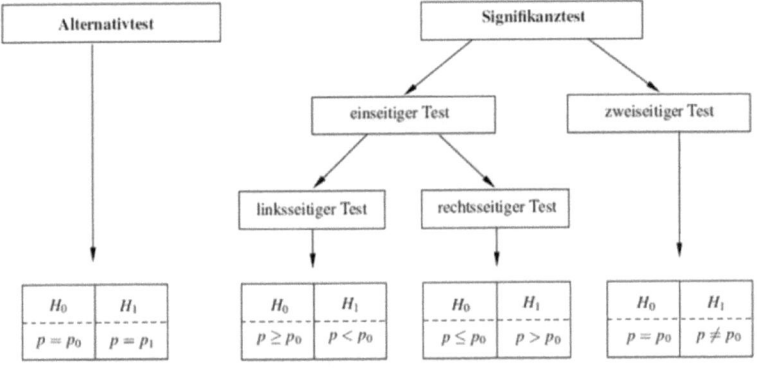

Abbildung Übersicht über die verschiedenen Testarten (vgl. Schneider 2015: 370)

Thema 4: Anwendung linksseitiger Hypo-thesentest	Stunde der vierstündigen Unterrichtsein-heit: 3./4. Stunde
	Zeitlicher Rahmen: 65 Minuten

Die Lehrkraft bildet Gruppen von fünf bis sechs Personen. An dieser Stelle muss darauf geachtet werden, dass die Gruppen eine ähnliche Leistungsstärke aufweisen, leistungsstarke und leistungsschwächere SuS sollten gleichmäßig verteilt werden. Die SuS sollen die Aufgaben 3 und 4 des Arbeitsblatts in der Gruppe bearbeiten, ihre Lösungen auf einer Flipchart festhalten.

Die Zeitvorgaben werden von der Lehrkraft festgelegt und an der Tafel festgehalten.

Folgende Zeitangaben werden vorgeschlagen:

Zeitvorgaben erläutern, Gruppeneinteilung und Bauen der Gruppentische 10 Minuten
Bearbeitungszeit der Aufgaben 25 Minuten

Präsentationszeit 20 Minuten

Ergebnissicherung 10 Minuten

Es ist relevant, dass die Lehrkraft Präsenz zeigt und aktiv zu den Gruppentischen geht, um offene Fragen zu beantworten und sicherzustellen, dass wirklich produktiv an den Aufgaben gearbeitet wird und keine Privatgespräche geführt werden.

Nach der Bearbeitungszeit wählt die Lehrkraft zwei Gruppen aus, die ihre Lösungen präsentieren. Die anderen SuS sollen die vorgestellten Ergebnisse korrigieren und ihre eigenen Ideen einbringen. Im Anschluss wird den SuS 10 Minuten Zeit gegeben, um die richtigen Ergebnisse zu notieren.

Aufgabe 3 und Aufgabe 4:

Bitte arbeiten Sie in einer Gruppe aus fünf bis sechs Personen und lösen Sie die Aufgaben 3 und 4. Halten Sie Ihre Ergebnisse auf einer Flipchart fest. Sie sollen die Ergebnisse im Anschluss präsentieren. Die Gruppeneinteilung übernimmt die Lehrkraft.

Aufgabe 3: Linkshändigkeit

Aus umfangreichen Untersuchungen weiß man, dass 11% der 6- bis 10jährigen Mädchen manuelle Tätigkeiten eher mit der linken als mit der rechten Hand ausführen.

Obwohl es heutzutage kaum noch vorkommt, dass linkshändige Kinder zur Rechtshändigkeit gezwungen werden, hat man die Vermutung, dass Kinder diese Linkshändigkeit verlernen, d.h. dass der Anteil der Linkshänder mit den Lebensjahren abnimmt. Zur Untersuchung dieser Frage will man eine Stichprobe vom Umfang 1000 unter 13jährigen Mädchen durchführen.

a) Welche Hypothese muss man testen, wenn man die Vermutung überprüfen will? Handelt es sich um einen links-oder rechtsseitigen Hypothesentest?

b) Bei welchen Stichprobenergebnissen würde man davon ausgehen können, dass der Anteil der Linkshänder sich verkleinert hat? (Irrtumswahrscheinlichkeit $\alpha = 5\ \%$)

Aufgabe 4: Aufgabenstellung

Sehen Sie sich Aufgabe 1 auf diesem Arbeitsblatt an. Wie könnte die Aufgabenstellung verändert werden, damit es sich um einen linksseitigen Hypothesentest handelt?

Lösung zu Aufgabe 3:

$H_1 : p < 0,11$ (linkseitiger Test) – Die Zahl der Linkshänder nimmt ab.

$H_0 : p = 0{,}11; \alpha = 5\%; n = 1000$

X: Zahl der Linkshänder; X ist binomialverteilt.

Gesucht ist k, so dass $P(X \le k)$ letztmalig 5 % unterschreitet.

$P(X \le 93) \approx 4{,}5\%; P(X \le 94) \approx 5{,}6\%$

$V = \{0, 1, ..., 93\}$. Wenn bis zu 93 Linkshänder auftreten, wird man wegen der auffällig kleinen Zahl eine Abnahme der Linkshändigkeit annehmen.

(Aufgabe unter: www.mued.de)

__Lösung zu Aufgabe 4:__

Jemand behauptet, dass die Ziehungsmethode beim Lottospiel 6 aus 49 die größeren Zahlen benachteilige: Die zuerst in die Lostrommel fallenden Kugeln werden seltener gezogen als die anderen. Lässt sich diese Hypothese halten? ($\alpha = 5\%$)

Die großen Zahlen (43 bis 49) der unteren Reihe wurden in 1473 Ziehungen als erste Zahl einer Wochenziehung 226mal gezogen.

Hausaufgabe oder didaktische Reserve:

I) Bearbeiten der neuen Aufgabenstellung zu Aufgabe 4
II) Die SuS selbst Aufgaben zum links- und rechtsseitigen Hypothesentest ausdenken lassen

---

Checkliste für die Lehrkraft:

- Arbeitsblatt Aufgaben 1-4 als Kopie
- Arbeitsblatt Informationen Film als Kopie
- Arbeitsblatt Graphik Arten von Hypothesentests als Kopie
- Laptop und Beamer oder Stunde (1./2.) im Computerraum unterrichten
- Film auf Stick
- Overheadprojektor, Tafel
- Folien
- Folienstifte
- Folie bedruckt mit Graphik zu den Arten von Hypothesentests
- Flipchart und Stifte
- Infoblatt Materialien für die Lehrkraft
- Unterrichtverlaufsplan

III. Arbeitsblätter

Mathematik	Name:	
Hypothesentest/ einseitig	Lehrer:	(Schullogo)
Informationen aus dem Film	Datum:	

Informationen aus dem Film:

Der Bodymaxx Fitnessclub ist ein kleines lokales Fitnessstudio, welches neu eröffnet hat und sich auf eine sehr junge Zielgruppe von 15 bis 25 Jahren spezialisiert. Es hat zurzeit 120 Mitglieder. Eine Stichprobe von 80 Mitgliedern ergibt, dass 60% der Mitglieder des Fitnessclubs derzeit im Alter zwischen 15 und 25 Jahren sind.

Durch eine gezielte zweimonatige Werbekampagne, in der bekannte Blogger das Fitnessstudio auf ihrem Instagramaccount bewerben, sollen mehr Mitglieder in dieser Altersgruppe angeworben werden.

Anders formuliert ist es das Ziel der Kampagne, dass nach einem halben Jahr mehr als 60% der Mitglieder im Alter zwischen 15 und 25 Jahren sind.

Weitere Informationen zum Lösen der Aufgabe:

Es wird angenommen, dass bereits ein halbes Jahr nach der Werbekampagne mehr als 60% der Mitglieder im Alter zwischen 15 und 25 Jahren sind.

Nach dem halben Jahr wird erneut eine Stichprobe im Umfang von 80 Mitgliedern untersucht, um zu sehen, wie hoch der prozentuale Anteil an Personen in der Altersgruppe von 15 bis 25 Jahren ist.

Es wird ausgeschlossen, dass die Marketingkampagne negative Auswirkungen auf den Anteil der 15 bis 25-jährigen Mitglieder im Fitnessclub hat.

Es wird mit einer Irrtumswahrscheinlichkeit von Alpha = 5 % getestet.

Mathematisches Vorgehen und Hypothesentest:

Mathematik	Name:	(Schullogo)
Hypothesentest/ einseitig	Lehrer:	
Informationen aus dem Film	Datum:	

Mathematik	Name:	
Hypothesentest/ einseitig	Lehrer:	(Schullogo)
Aufgaben	Datum:	

Aufgabe 1: Große Lottozahlen

Jemand behauptet, dass die Ziehungsmethode beim Lottospiel 6 aus 49 die größeren Zahlen bevorzuge: Die zuerst in die Lostrommel fallenden Kugeln werden häufiger gezogen als die anderen. Lässt sich diese Hypothese halten? ($\alpha = 5\%$)

Die großen Zahlen (43 bis 49) der unteren Reihe wurden in 1473 Ziehungen als erste Zahl einer Wochenziehung 226mal gezogen.

Aufgabe 2: Medikamententest

Ein Medikament A ist laut Untersuchungen in 98% aller Fälle wirksam. Ein vergleichbares, aber günstigeres Medikament B darf nur dann auf den Markt gebracht werden, wenn es eine bessere Wirkung als das Medikament A besitzt. Das Medikament B wird an 300 Personen getestet.

Bei wie vielen dieser Personen muss das Medikament B Wirkung zeigen, damit diesem mit einer Sicherheit von 95% eine bessere Wirkung als dem Medikament A attestiert werden kann?

Aufgabe 3 und Aufgabe 4:

Bitte arbeiten Sie in einer Gruppe aus fünf bis sechs Personen und lösen Sie die Aufgaben 3 und 4. Halten Sie Ihre Ergebnisse auf einer Flipchart fest. Sie sollen die Ergebnisse im Anschluss präsentieren. Die Gruppeneinteilung übernimmt die Lehrkraft.

Aufgabe 3: Linkshändigkeit

Aus umfangreichen Untersuchungen weiß man, dass 11% der 6- bis 10jährigen Mädchen manuelle Tätigkeiten eher mit der linken als mit der rechten Hand ausführen.

Obwohl es heutzutage kaum noch vorkommt, dass linkshändige Kinder zur Rechtshändigkeit gezwungen werden, hat man die Vermutung, dass Kinder diese Linkshändigkeit verlernen, d.h. dass der Anteil der Linkshänder mit den Lebensjahren abnimmt. Zur Untersuchung dieser Frage will man eine Stichprobe vom Umfang 1000 unter 13jährigen Mädchen durchführen.

a) Welche Hypothese muss man testen, wenn man die Vermutung überprüfen will? Handelt es sich um einen links- oder rechtsseitigen Hypothesentest?

b) Bei welchen Stichprobenergebnissen würde man davon ausgehen können, dass der Anteil der Linkshänder sich verkleinert hat? (Irrtumswahrscheinlichkeit $\alpha = 5$ %)

Aufgabe 4: Aufgabenstellung

Sehen Sie sich Aufgabe 1 auf diesem Arbeitsblatt an. Wie könnte die Aufgabenstellung verändert werden, damit es sich um einen linksseitigen Hypothesentest handelt?

Mathematik	Name:	
Hypothesentest/ einseitig	Lehrer:	(Schullogo)
Arten von Hypothesentests	Datum:	

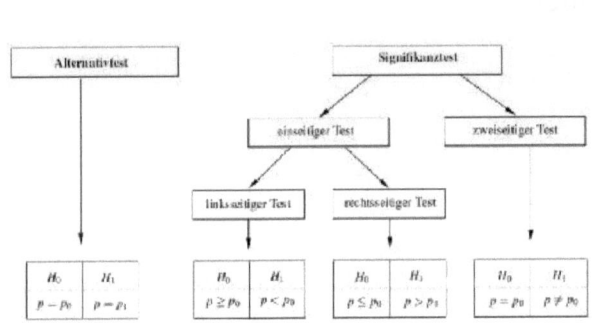

Abbildung: Übersicht über die verschiedenen Testarten

Aus: Schneider, Walter (2015): Mathematik für die Berufliche Oberschule, Berlin/ Heidelberg: Springer.

Notizen: